東●●書粥／晃晃二手書店／一本書店南●曬書店×新營市民學堂／蕃藝書屋／旗津thak冊／時之河書屋十三號避難所／島呼冊店／紅氣球書屋／洪雅書房／勇氣書房／小樹的家繪本咖啡館／小陽。日栽書屋／小島停琉／三餘書店中●邊譜／給孤獨者書店／梓書房／掀冊店／書集喜室／虎尾厝沙龍／有此藝說／仰望書房／日榮本屋北●●燦爛時光：東南亞主題書店／嶼伴書間／楫文社／晴耕雨讀小書院／逃逸線書室／浮光書店／唐山書店／飛地nowhere／玫瑰色二手書店／或者書店／有河書店／石店子69有機書店／水木書苑／moku旅人書店●●

一閃一閃亮晶晶●

第一屆台灣獨立書店獎

財團法人樹梅文化藝術基金會

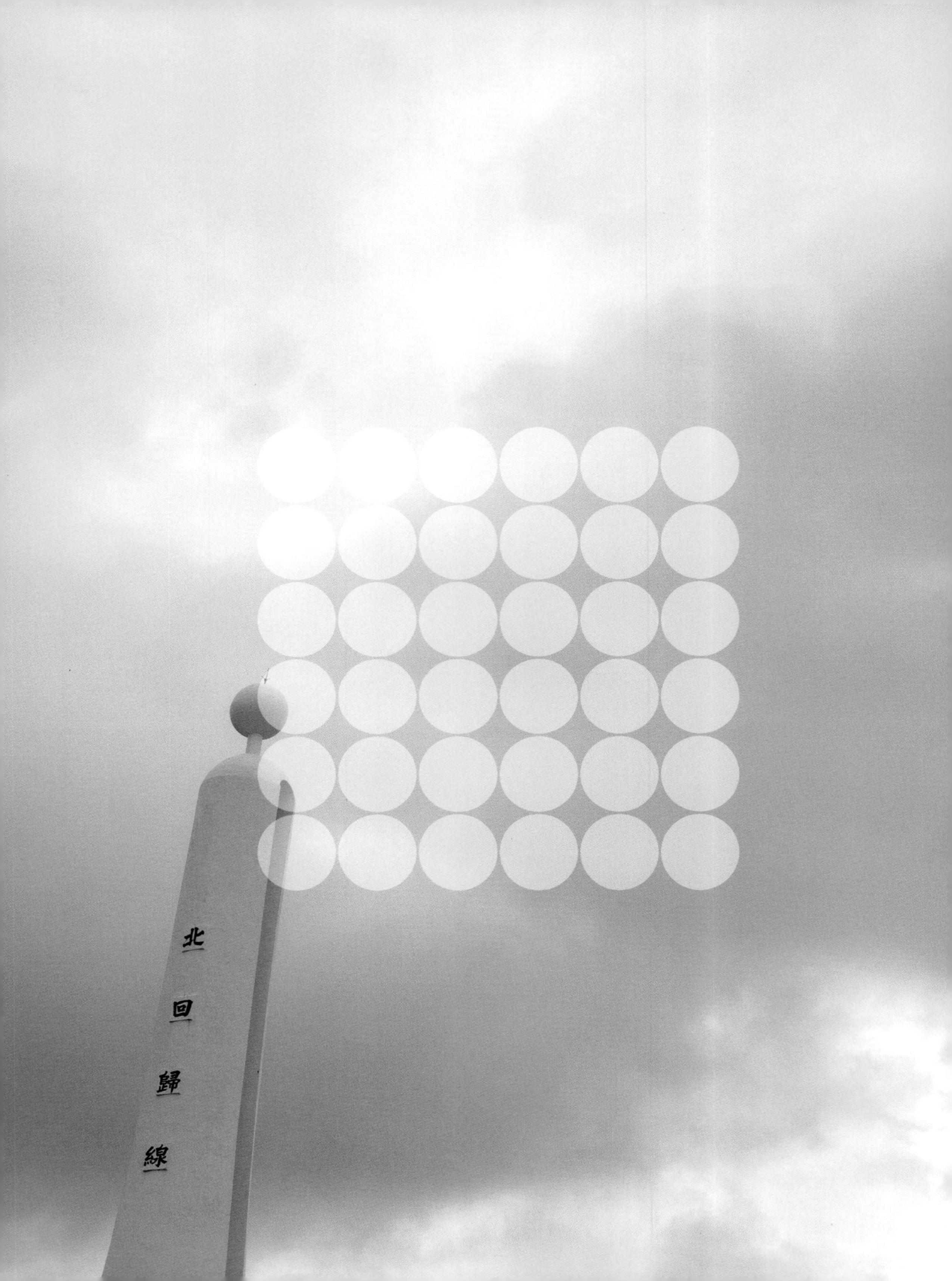
北回歸線

目錄

contents

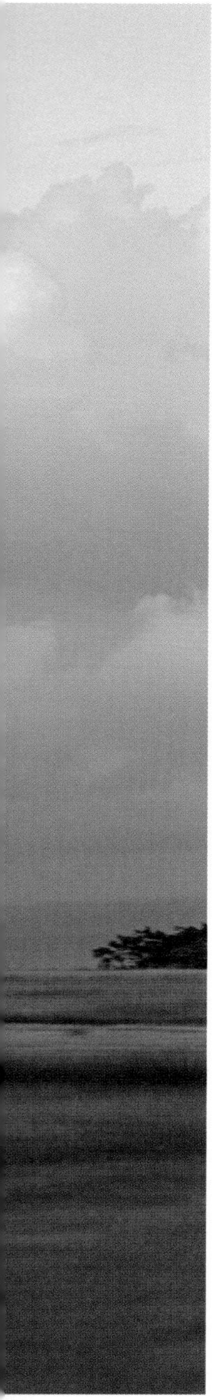

小，但重要的存在

鹽，平凡渺小的鹽
生活中的必需品
往往容易被遺忘
它卻默默地
為我們的身體帶來平衡
為我們的生命帶來滋味

當主流聲音在說：
電商買書終可替代傳統書店
我們選擇回到實體書店的本質
在逆勢中 重看它存在的必要

終究 這些書店不只是書的店
更是人的店
商品可能一模一樣
買賣也可以一鍵完成
只有人 可以令人與書的相遇
更為溫暖 更有故事

陽光灑過文化知識的海洋
結晶了
生活中的鹽
散落在台灣每一角落
以自己的方式閃爍發光
台灣製造 獨一無二

2022 年 3 月 22 日，我搭高鐵轉台鐵後試著步行前往屏東總圖，南國的烈日猛攻，我拎著在路邊小店買的沒去冰古早味紅茶，走了大約十分鐘後開始東張西望搜尋小黃，大汗淋漓。那是友善書業供給合作社的社員大會，我在那裡對著大約七十家的書店代表，第一次，慎重地提出了《獨書獎》這個想法。不知是樹梅基金會跟獨立書店有著近似的本質，還是因為我們的董事長是位民航機長讓大家覺得很好奇，當場竟然得到熱烈迴響。「我們基金會跟在座很多書店一樣，我們很年輕，背後沒有大財團，我們雖小，但我們都在做很重要的事……。」同樣的目光一致，同樣燃燒熱情，回到台北後，報告了董事長與董事，得到了好幾筆捐款，台灣第一個獨立書店獎就這樣起飛了。

一閃一閃亮晶晶

初衷真的很單純，2021年底的樹梅董事會上，當時還不知會有多困難的我說：「我們來辦一個獎，讓更多人知道台灣有這麼多這麼棒的獨立書店……我們來尋找獨立書店之美！」雖然是一個靈光閃爍，但尋找獨立書店之美是很認真的，因為樹梅基金成立以來就一直在美學上下功夫，特別是「台灣美學」。我們在台灣成長，但總是很容易就被國外的美所吸引，花了大把時間與金錢出外尋找他鄉之美。不過確實也是拜疫情之賜，我們開始有更多的時間望向自己這片土地。

在台灣有超過300家獨立書店，許多美好的書店故事，不斷地在角落發生，每一家都值得我們關注與支持。尋找獨立書店之美，當然不僅止於外在的美，看得到的美。更多的是人情與知識相融的美好，書店與土地相呼應的美好。基金會期望能從美學的角度向外擴展，因為每一家獨立書店都承載著一個地區的美學與經營者的角度，就是這些不同的面相才構成台灣這條獨特的文化風景線。

書店這個產業的困境基金會也有所了解，傳統上只是賣書的書店也必須為了生存而做轉變，新一代的書店開始擴充書店這個場域的功能與創立新的價值，正因如此才有這麼多具有經營者風格與特色的書店在台灣不同的角落冒出，對於喜歡書店的人們來說，這些確實都是十年前所不可能有的逛書店經驗。

沒有財團的支持，有自己的樣子，創新，不複製，和連鎖做出區隔，有經營者自己的個性與想要傳達的價值，這是樹梅基金會定義的獨立書店。每個開書店的人目標都不一樣，達到目標的作法也不一樣，這些形成了獨立書店各自想要的存在方式，也就是我們在尋找的特色。

感謝所有的獨立書店，沒有你們不會有《獨書獎》，也不會有這本書。特別是本書裡的 38 家書店，感謝你們在城市，在村莊，在海邊，在地下室，在巷弄，在山裡，在鐵道邊……用自己擅長的方式為台灣的文化發電發亮，一如仰望玉山的星空，你們一閃一閃亮晶晶的，真是美極了。

劉鋆／樹梅文化藝術基金會 執行長

北

東

中

南

書粥

換宿店長 開放參與 創造相遇

聽說，店長換宿申請每年一開放，立即秒殺，就連身為老闆的耀威，也要狠下心才爭取到自己顧店的機會。

來自五湖四海、各懷絕技的店長們，與來自各地的旅客或是鄰居、小孩的客人不期而遇，他們的不同性格不同背景，擦出火花，為書店帶來不少驚喜故事。書店的在地連結就更不用多說了，阿嬤的手工編織、阿伯的手工黑糖、小學生的創作成果展等等……太多太多精彩。

書粥
台東縣長濱鄉長濱村 22–1 號

創造以書店為基地的

游牧者部落。

把長濱列入下一個小旅行的目的地吧。去吳若石神父那裡做個腳底按摩，去迷你義式冰淇淋店吃冰，去書粥朝聖，若是幸運遇到耀威本尊，一定要他講櫃臺那尊三太子的故事喔。

順帶一提，《疫情釀的酒》由書粥出版，邀得各獨立書店主人執筆，只於獨立書店販售。

值班店長
耀威
6/9～6/15

書店本身就是一個即興創作過程。主人獨到的美學眼光，將手邊現有資源混搭而成，滿牆的書架，是以回收木或棧板製作而成，搭配朋友送的二手家具，門口的坐椅是從老車拆下來的，盆栽是鄰居送的，小學生愛在書店擺放古靈精怪的小物，來自四方的店長也會貢獻一小塊自己的風格。這種生活感，非一朝一夕能建立起來。

晃晃
二手書店

貓 好的食物 串聯跟橋梁

在晃晃，精神食糧跟好的食物同樣重要，因為它們都跟生活密不可分。這裡除了新書、二手書和 CD，咖啡和甜點，更有一個小閣樓，足以讓你窩在那裡一整個下午。在書本中吸收養分之餘，更可找到在地精選的小農產品，好生活原來是這樣提煉出來的。

不得不提的是，晃晃還有民宿喔。晃晃 LibRoom46 民宿，就在書店旁邊的巷子裡，清水模建築，蠻酷的。這個空間像是書店的伸延，大家來個小旅行，不妨多住一個晚上，好好休息，讓身與心充充電。

台東好山好水，貓店長問大家：「什麼時候來看我？喵。」

晃晃二手書店
台東市漢陽南路 139 之 1 號

12 December
晃晃貓咪之家
Money
Dear 晃晃
激推
新上市

三十多年老屋改建，搭配清水泥地板和質樸的二手家具。一進門有個小小的開放式廚房提供輕食。木書架滿牆，空間規劃多有驚喜。

晃晃與台東人生活密不可分，早已超越書店單純的角色。它是在地人與外地人交流的橋梁；是在地友善小農與家庭餐桌的重要平台，它讓在地人的生活質素提升，吃得安心，身心都得到照顧。不可不提，貓店長也是晃晃特色風景。

從生活裡
長出來的脈絡，

攀爬到書店裡。

一本書店
花蓮市林森路 293 巷 1 弄 6 號

一本書店

靜定 思考 時間

初心不變，

如果你沒有耐心，看到大片窗上貼著「一本書店」就以為已經找到寶山的話，那你可能會失望而返。老闆逗趣的說，故意把門開在巷弄內，就是要過濾掉那些心不夠靜找不到入口的人。

一本書店從台中搬到花蓮雖然不到一年的時間，但靠近書店時，你其實會有那種「這家書店好像已經在這裡了好久」的感覺。也許是大門敞開的方式，也許是美學上的優雅協調，一本把在台中就有的獨特氣質，重現在花蓮並讓它開始新生。店內的空間分布與氣氛營造，完全呈現主人的風格 —— 優雅不做作，安靜的歡迎每一位來享受閱讀的人。店裡有一個小區域，主人以策展的方式來呈現每一次特別的主題選書，來逛書店也能看到精心設計的小展覽，實在是個驚喜。

讀者
亦追隨不變。

位於街上的那扇落地木窗，略帶古舊的質感非常好，但這可不是書店大門。廚房工作臺其實占了空間很大的一部分，但又完全不會搶掉書本這個主角。從書籍的陳列、單人閱讀座的設置、面對大窗的木桌質感，甚至用竹編煮麵勺裡的植物，都讓人感到主人的重視細節。書店門口的小黑板，告知的是「節氣」而不是營業時間，這家書店的美好，超越了書本本身，讓人更接近土地與自然的生活著。

說到享受，如果你不曾在這裡點一杯咖啡吃一口布丁，那麼你還不算真的享受了一本。最高檔的是，如果你能夠吃到主人配合時令所製做的春分、秋分竹籃便當，那麼，你就真是讓大家羨慕不已的幸運兒了。

沒有一家書店像一本，讓粉絲願意翻過中央山脈無怨無悔的追隨。

7307

摘不到的星星。
仍要奮力去摘取天上那
即使精力已竭，

——《獨書獎》評審 **趙政岷**

北

東

中

南

曬書店
✕
新營市民學堂

在地 實踐 共好

每一個地方，都值得擁有自己的書店。學生下課後，可以在吊扇涼風下寫功課；白領下班後，可以參加學堂的課程；旅客打卡後，可以讀到更深入的地方故事。

就喜歡空間裡這樣接地氣的人氣。抬頭形形色色的海量選書，低頭花花綠綠的老地磚，每個角落都藏了寶，你可需要預留多一點時間來挖喔。老闆更會根據當下大家最關心的題材選書策展，讓你有機會深度閱讀。

如果資訊含量太高令你有點眼花撩亂，正常正常，就拿著你手中的那本書，進來布置清雅小房間坐下來歇歇。這樣的動線設計真的無懈可擊。

曬書店 ✕ 新營市民學堂
台南市新營區中山路 93-2 號

這張書店名片，

每個人一生必看的重要作品
時代革命
REVOLUTION
OF OUR TIMES
2.25
全台上映
不是時代選中了我們 是我們選擇改變時代
我思故我戰

成為了在地的文化勳章。

書店裡密密麻麻的書與花花綠綠的老地磚，相映成趣。陳列書的方式令人目不暇給，策略是讓人享受挖寶的樂趣。而店主亦埋了不少意想不到的書類，一些你覺得不常會出現在地方書店的書，如香港政治、台灣轉型正義，甚或多元性別議題的選書。多年來曬書店一直深耕細作，透過選書、講堂、活動，培育新營市民素養，為在地文化生活打開更多可能性。

還有還有，買書付款時別忘了跟店長聊天，記得問一下復興路上的鏗、鏗、鏗，到底什麼最好吃？

蕃藝
書屋

深山祕境 南島文化 人與自然共生

要找到這家書店，需要有點探索的決心。

這個現代烏托邦不只是一家書店，而是一個研究南島與瑯嶠地區文化的生活智庫與生態園區。也許你會覺得這裡書的擺放太過於自由與凌亂，但主人自有其邏輯，請不要擔心。這個堆積如山的書屋把自己隔絕在山林之內，自成一國，是的，書屋主人真的想獨立成一國，設計自己的旗幟與護照。如果有幸在探訪時遇到主人，請務必請他介紹這個恆春半島生活圈的遠大目標。

蕃藝書屋
屏東縣牡丹鄉東源村 142 號

鳥托邦
Bird Topia

一個遺世獨立的書店，藏書超過二萬五千冊。它的美在於跟大自然的貼合，池塘，石子路，半開放的空間，絕大多數木作物。書籍的擺放或許凌亂，但沒有矯飾，完全自然主義的擁護者，超越了事物表面的樣子。全台灣找不到第二家這樣的書店，也不相信有人可以模仿得出來。

遺世
獨立的

不要以為部落裡的原住民只會喝酒和打獵，這家書店藏書之多將會打破你的刻板印象。尊重自己的文化，尊重大自然的給予，牡丹水庫上游的保護區內竟然隱藏著這樣一個決心為部落提供自我認同與學習的場域！

如果日本電視台要來台灣採訪最具特色的獨立書店，絕對非蕃藝莫屬。這家最有獨立精神的獨立書店，就在台 199 縣道上，找到它，就找到了現代烏托邦，絕對不虛此行。

南島文化「島」托邦。

旗津
thák 冊

有尊嚴的老厝 習慣講台語　喝下一本書、咖啡

走進書店之前，你需要在旗津的巷弄裡穿梭，這時已經開始有一種「尋覓」的期待感出現。這種尋找發現的樂趣，會隨著你進到書店裡每個不同的小空間而節節升高。每一個小而充滿古早味的房間，現在都成為了舒服的閱讀空間。這是一間老厝，會成為書店除了是中山大學的 USR 的計畫之外，據說背後還有一個關於朋友之間的動人故事，來訪時，可別忘了請店長說說這個故事。你會發現，這間老厝不僅充滿了書，還充滿了愛。

旗津 thák 冊
高雄市旗津區通山路 42 巷 2 號

GALAPAGOS
PROCAFE S. A.

書本
＋ 老厝
＋ 台語
＋ 人
＝ 尊嚴 ＋ 愛

店內的書也許不是很多，但是關於高雄港都風華的研究叢刊，以及台灣的海與事卻獨到的讓你可以待上好幾個小時來慢慢研究。當然，如果你剛好又是喜愛手沖咖啡的饕客，請一定要點一杯文學家咖啡。對了，在這個 thȧk 冊店裡，你可以輕鬆地轉換為台語頻道，跟店長比賽誰懂的地方俚語比較多，比輸了也沒關係，畢竟人家可是在地和專業的。

走上書店二樓時請留意，積木式的樓梯可能會把你帶到另一個時空呢。開一家附近的人都會來的書店，應該是對這間老厝表達最高敬意的方式了。

沃樂
旗後
通山路42巷2號

書店建築的前身為漁工老宿舍，在旗津小巷內，咕咾石墻搭配老地磚，和諧共存。現在的書店是由兩單位的老屋打通，一進門營造出挑高的視覺感，無論從哪個角度都可以清楚感受老屋建築的風貌。書店，傳遞出高雄旗津的故事記憶（這裡不是只有海鮮），身兼咖啡師的店長，透過咖啡包裝告訴客人文學家的生平故事，二手區的書採自由定價，讓客人自行決定書的價值。

時之河書屋
十三號避難所

幻想 夥伴 舒適

注意：這跟你去過的任何一家文青書店都不一樣。它是一座隱藏在祕密與幻想之中的避難所，就像哈利波特的 9¾ 月台，帶你走進另一個世界。看到一樓「逃避人生專用入口」，勇敢一點，走上樓梯就對了。

如果你喜歡奇幻、科幻、神話或是童話這類的幻想文學，如果你喜歡魔幻電影，如果你喜歡桌遊，如果你喜歡各式各類的 figures 公仔，一定會樂而忘返。

這是一家深夜書店，開店時間好奇怪，午間三點到凌晨三點，舉辦的活動也非主流的，譬如脫口秀。這裡瀰漫著一股青春氣息，時而是個舞台，時而是個練團室，時而是個電影院，時而是個創意基地，實在難以定義，歡迎每位心境年輕的你們來探索喔。

時之河書屋 十三號避難所
台南市東區東寧路 63 號 2 樓

走上陡斜的樓梯，就像走過一條祕道，進入一個現實世界之外的平行時空。黑板上寫著一項一項避難求生的規條，非常幽默。沒有講究的裝潢，陳列古怪有趣天馬行空，肯定是年輕人那杯茶。這家非主流的書店，暗黑，慵懶，不拘小節，感覺就像念書時趁父母外出跟同學一起在家玩翻的快樂時光。它不走大路，勇敢的作出嘗試：時而是舞台，時而是練團室，時而是電影院，時而是圖書館，不想被傳統定義，說不定這就是它所找到實體書店的新出路。

的空間。一個像變形金剛

Fallout
A POST-NUCLEAR BOARD GAME FOR 1 – 4 PLAYERS
Fallout
Chess Set
GUN
Away

逃避人生專用入口
請由此進
府城
Openmic
return (13)
13號避難所
緊急避難地圖
RIVEROFTIMESANCTUAY13

島呼
冊店

親子友善 性別平權 社會行動

請先站在書店對街，靜靜地觀賞這間兩層樓的木造老房子，它謙虛地被夾在兩棟水泥樓中間，二樓的木板牆漆著灰藍色的油漆，一樓大門旁的玻璃上貼了好多海報，招牌有點隱密，不注意可能看不出是一家冊店。顧名思義，這個空間是豆腐＋書店。不論是進來買一本書，喝一碗自家製豆花或者買一件小農商品，這都是一個讓人放鬆，心情愉悅的優雅空間。這個空間一點都不做作，就像主人使用在地黃豆製作豆腐的心思一樣，單純友善，關心這片土地與人。

島呼冊店
嘉義市西區北興街 86 號

這間兩層樓的木造老房子，謙虛地夾在兩棟水泥樓中間，二樓的木板牆漆著灰藍色的油漆，斑駁卻自然。一樓大門旁的玻璃上貼了好多海報，整個老屋好似社會理念的廣告牆。豆腐是重要的食物，書籍是關心的議題。這家店不僅是兩人生活的延伸，店更是他們對社會的一種態度。

用書店和實際行動，

也許你聽過關於這家書店的前傳，有一點激烈，但其實更多是勇敢，勇敢地在性別平權的議題與其他的社會議題表達自己的看法。當下午的陽光照射到陳列的書本時，你知道主人其實有好多話想對這個地方說，想跟讀者說，想跟當地的居民說。主人希望能為進來的客人提供某種能量，好去面對生活上的困難。經營這家書店，是一種社會行動的實踐，同時也提供了親子友善的空間給鄰里鄉親。

不論是為這座島嶼發出呼聲的一家書店，或單純只是豆腐書店，都讓人感受到了主人對這個社會的關心與用心。

與社會對話。

紅氣球
書屋

溫馨 親切 愉悅

旅行，是把自己暫時抽離的一個狀態，可能想要擺脫舊有的包袱，也可能想要追尋新的自己。紅氣球位處旅人眾多的恆春，選書以溫暖的生活題材為主，室內布置簡潔，大量留白，予以喘息和思考空間，恰如其分地提供了一個親切的場域，讓人們輕鬆愉快地翻開書本，各自尋找答案。

單是翻開書桌上不同的食通信刊物，心情可能已經愉悅起來。你可知道，紅氣球更透過發行《琅嶠食通信》，一本介紹在地小農並搭配食譜開發的刊物，以及舉辦「小農見面會」，以市集形式，讓不擅行銷的小農們，在旅遊界和餐飲業界找到自己的立足點。

後疫情時代來臨，願尋找者，都找到答案。

紅氣球書屋
屏東縣恆春鎮北門路 110 巷 86 號

Le Ballon
Rouge

一趟尋找答案的旅程。

在國境之南，存在著這樣一間白房子，簷篷漆上Le Balloon Rouge配有紅氣球意象，iconic，一見難忘。踏過門前小小的花園草地，進到一樓書店空間。這個本來就是個大客廳，如今以整齊有致的書籍和商品來迎接每位客人。這個適度的擺設，不擠不擁，令人舒服。點一杯咖啡配上甜點，倒有點異國風情渡假 fu。

書物食通信
BOOK & TABERU
蝦
書物食通信
BOOK & TABERU
虱目魚
2022.04
書物食通信
山藥
海鹽
書物食通信
BOOK & TABERU

往夢想的路上，
每個人都是虔誠的信仰者

洪雅書房

社運書店 濁水溪以南 書店風景

這家書店不只在濁水溪以南無人不知無人不曉，更可以說是「驚動萬教」的標誌性獨立書店。跟現在的新書店比起來，洪雅或許有點老派，但老派的書店精神正是老闆多年來小心翼翼所呵護的火苗。

從意氣風發的二十一歲就開始做書店，洪雅也成為社會運動的核心。辦過的活動超過 1240 場，但還是堅持每週三的小聚會，創造了跟讀者之間不一樣的關係，完全展現了實體書店的存在價值與意義。這家書店不僅是老闆自己的人生補習班，社會補習班，也同樣成為好幾個世代的社會運動者心中的重要回憶。

洪雅書房
嘉義市長榮街 116 號

TAIWAN
絕基改食品
MO FREE
社會運動

社運書店，

也許現在的書店已經不再激進，但從書架上滿滿的嘉義地方文化，社區發展與台灣歷史軌跡等文史哲書籍，就知道書店對於這片土地的關懷絲毫沒有放鬆。而推廣閱讀，更是書店最為掛心的事情。

書店老闆說：「你進到什麼樣的書店就會變成什麼樣的人。」想探索嘉義厚實的文化藝術與歷史，說不定可以從洪雅書房開始。

註：洪雅是平埔族的族名，嘉義一帶曾是洪雅族的生活場域，故書店以此名之

書店旅圖
書店風景
神保町書肆街考
瘋狂書迷俱樂部
書展邊緣的獨行
烽火守書人
破產書商札記
台灣書店歷史漫步
遮蔽的圖伯特
西藏歲月
山與林的深處
穿越阿里到新疆
HELLO
my name is
公民不服從
AMOSONE
DOUBLE-5
ALONE-SEVEN
Island to Island
諾努客
反核作
AGAINST NUCLEAR POWER
核電歸零
Nuclear go zerO
NO NUKE
MORE LOVE
BOUNCE!
公平經濟
機會
小地寶
反核

也是
人生補習班。

天花板的彩繪，象徵台灣人爭鬥的歷史，非常大膽且吸引目光。善用海報與標語布置書店，讓書店就像是個社運現場，與理念完全契合。洪雅是平埔族的族名，嘉義一帶曾是洪雅族的生活場域，所以書店以此為名，連結平埔族與土地與文化。找個星期三晚上去感受洪雅的熱度吧。

春辣\流浪
圖像書展。
'80s
反美麗灣
絕對不住
今日休
植物
跟著植物去旅行
洪雅書房
茶&酒
貓

勇氣
書房

勇氣 獨立 無限可能

勇氣書房藏身於前身為酒廠的嘉義文創園區。當老闆秀蘭還是國中生，每天上、下課都會經過酒廠，年紀小小的她討厭酒釀的味道，總會奮力騎車逃離這氣味，想不到長大後會在這裡開書店。

爬上了二樓，你會驚豔書店的美：順著開闊空間的歷史紋理，這裡陳設了大片鐵花窗作為屏風，以老櫥櫃作為精選書籍的展示場，以染布與乾燥花的柔，點綴了鋼構桁架的硬。每一個角落都美不勝收。

勇氣書房
嘉義市西區中山路 616 號 K 棟 2 樓
嘉義文創園區

勇氣在於
改變的決心
與承擔。

勇氣位在嘉義酒廠文創區的二樓，基本建築有著鋼構橫梁與磨石地板，空間的布置與規劃得到朋友們相助：以染布與乾燥花點綴細膩地呼應舊空間的歷史紋理；朋友做的書架；收藏老家具的朋友，運來匹配的櫥櫃與大片鐵花窗，作為入門的玄關屏風，就這樣配搭出獨一無二的美學。勇氣是一種沉靜卻有生命力的美。這裡的勇氣有傳染力，每個步出這裡回到日常的你，都會多一點點奇妙的勇氣。

勇氣書房

勇氣之美，也在於她的堅毅與嘗試。文學暨演奏會、原住民系列講座，形形色色的活動，讓大家有空就來坐坐，透過書冊（當然也透過咖啡和甜點），把人與人串聯起來。

你也來勇氣串串門，跟秀蘭聊聊書，或是獨霸那對著窗外綠油油的位置，好好發呆。

小樹的家
繪本咖啡館

陽光 空氣 水

推開玻璃門，就像走進童話世界，牆上掛著繪本原稿展覽，高高低低書架上放滿了大大小小的繪本。找一個對著窗外的位子坐下，點一份蛋糕一杯飲料，請老闆為你推薦一本繪本，慢慢享受一個下午。

單人沙發上窩著一對小兄妹，繪本大大的一本，掩蓋了他們的小身軀，只見他們小小的腿從繪本下露出來，多可愛。年輕的母親在翻一本小書，旁邊嬰兒車裡她的寶寶在熟睡，隔壁桌的爸爸正在跟小兒子下棋。大朋友、小朋友們，都在期待著四點鐘的講故事時間吧。

故事姐姐就是老闆本尊。下次來小樹的家，你也可聽到她溫暖的聲音，如陽光，灑進心靈處、生活裡。

小樹的家繪本咖啡館
高雄市苓雅區林南街 16 號

Little Tree

Little Tree

在繪本的樹下，

乘涼歇憩。讓童心

小樹的家是日式洋氣的繪本書店、咖啡店。落地玻璃窗，木頭家具的溫暖，書架錯錯落落卻整整齊齊地放上大大小小的繪本。盤子、杯子都是手工陶製，刻有 Little Tree 字樣。牆上或許掛有繪本圖畫的展品，整體氣氛就像落在凡間的童話世界。店主人真心熱愛繪本，相信講故事的力量。她說，「繪本不只是兒童讀物，大人也需要故事的滋養。」

小陽。日栽書屋
屏東縣屏東市清營巷 1 號

小陽。日栽書屋

家 日得知 識成林

走進位於勝利新村的＜小陽。日栽書屋＞，好像走進時光隧道，回到 80 年前的眷村人家，混合著書香、音樂、綠意與舊日時光。進到這裡就像小時候的暑假回到鄉下爺爺家，有好多那種可以窩起來看書或者跟朋友聊天的舒服小角落。

小陽。
日栽
書屋
書屋心識大道

老屋新生了文學與音樂。

老屋內的隔間、油漆牆面、舊木窗框、地磚、長條木地板、橢圓小磁磚浴缸，甚至每個小擺設，都是眷村回憶的一部分。屋外同樣令人驚豔，草地今日的模樣，主人可是花了很大的心力。草地上那個小小的、貌似簡單卻絕不簡單的木製舞台，不僅辦過「小陽。音樂節」、「與西班牙共舞」音樂會，更吸引了歌手陳綺貞在此做小型演唱，就像在朋友家的後院的輕鬆聚會。當然更不能忘了蔣勳老師也在這草地舞台上開講。這個「來我家玩喔」的聚會，專屬於這片像老家一樣的大院子小草地。

綠色藤蔓攀爬在窗外，就如知識點滴滋養，慢慢繁盛如林。平和，在地，上善若水，像鄉下爺爺奶奶家的那種簡單美好。不過書店主人可是個熱情好客的年輕人呢！

維持80多年老房子原來的樣子。簡單的漆牆、漆窗框。綠色、Tiffany藍，還有米色、白色，都是眷村的顏色。老地磚、老磁磚浴缸，把那個年代的回憶原汁原味保留下來。院子中本來就有一棵大樹，再特地種植和眷村有關的植物，扶桑花、朱槿等等，鋪上大葉草草皮。牆壁外觀種了爬牆植物薜荔，意外地讓窗戶光影更美。即使炎夏，在老屋窗邊讀書，仍有一種優雅。

小島停琉

大海 社會關懷 生活

夏日的小琉球總是人山人海。人們來玩，來浮潛，來看海龜，也想來探訪島上唯一的書店。

書店主人當初單純地因為熱愛海洋而搬到小琉球，也單純地因為居住的地方怎可以沒有書店而開了一家書店。選書圍繞著海洋生態，以及他們關注的社會議題，更請插畫師繪畫海龜，製成可愛的貼紙及海報，並且舉辦不同的活動，提倡海洋生態保育。

小島停琉
屏東縣琉球鄉中正路 255 之 1 號

海洋找到了歸屬，

疫情的出現，令人重新思考生活的面貌，店主的足跡也出現了一些調整，不再只限於在海裡或是在往大海的路上，而是慢慢的走進街區，開始跟不識字的鄰居阿公阿嬤多了互動，有時幫他們寫信讀信，更多時候只是單純的陪伴，聽他們講小島的故事，生活的故事。

店主的日程如此繁忙，如果你碰上書店沒開的日子，請不要失望，因為你有了再來小琉球的理由。

目不識丁的老人找到了陪伴。

書店前身是小島上的一個尋常百姓家。每層的空間都不大，但老屋特色都被保存下來，且盡可能地放置書籍。地面是老花磚，樓梯扶手是鐵花工藝，二樓還驚喜地保留了老太太曾經使用的檜木床。當整個小琉球都充斥著各式廉價的海龜商品，書店卻專程找插畫家繪製海龜海報、貼紙、明信片等文創產品，它所展示的風景線特別不一樣。小島停琉在不停進化。它既為全台灣唯一一家以海洋與環境為主題的獨立書店，卻不停步於此，一方面繼續深入海洋探索，另一方面更深入小島的社區，關懷在地文化。

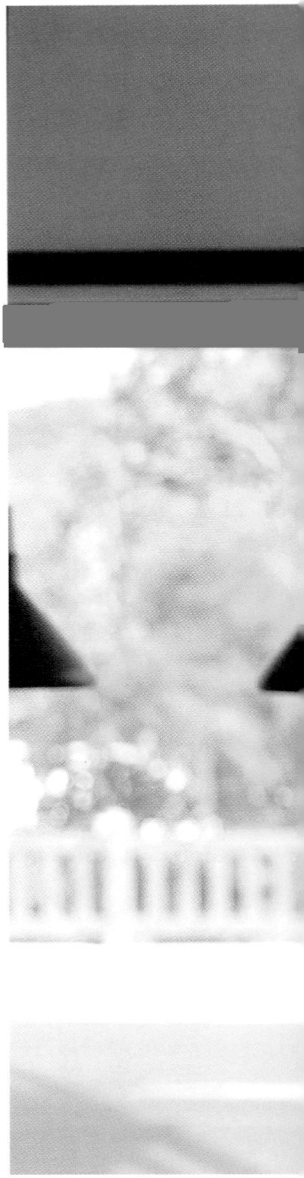

三餘書店

共好 共享 共存

就在喧囂的中正路旁，進了院子推開門後，彷彿到了另一個世界。一排排立架陳列的 Zine 和漫畫，炫目繽紛吸引目光，無論是獨立出版、孤本，以至絕版刊物，都有可能出現，細心尋寶，不難遇上心頭好呢。

再往裡面走，很快你將陷身於紮實多樣的選書之中，文學、哲學、社會議題，慢慢看，不急。二樓的空間擺放了繪本、攝影集，以至潮流文創商品，手寫的溫馨提示「三餘獨家」隨處可見，看得出店家用心經營與眾不同的內容。

三餘書店
高雄市新興區中正二路 214 號

與 一座城市

書店空間是高雄戰後最具代表性的透天厝（販厝），這裡之前是一片芭樂園。中正路開闢後，這座房子是最早蓋的建物，至今完整的保存下來。三餘為高雄第一家獨立書店，對外介紹高雄的文化創意內涵，對內聚集了高雄人的文化思維，是高雄閱讀社群的基地。它根深植於高雄，但不限於實體的店面。不單單在意書如何賣出去，不單單滿足於推動深度閱讀，一點一滴的改變或建構地方與人之間的關係，我們瞥見了獨立書店更高層次的追求。

發生親密的關係。

三餘書店

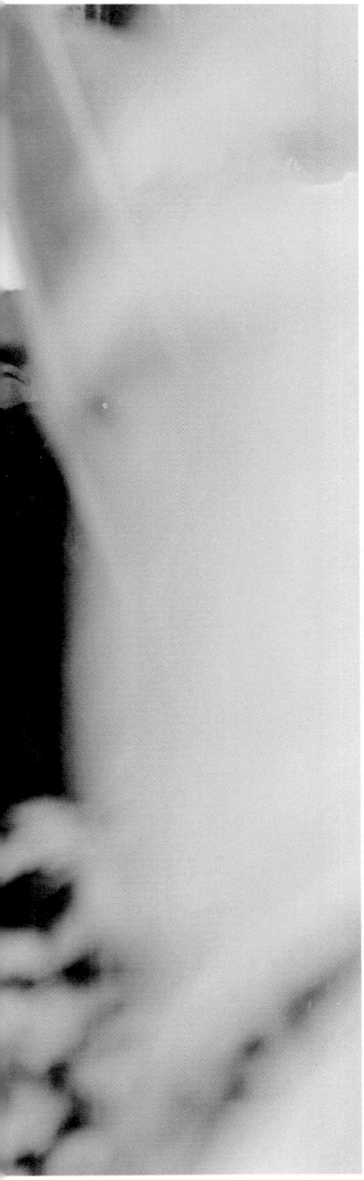

這些年來，老闆把更多時間放在書店之外，把更大的空間留給年輕的店長和店員發揮。從實體書店出發走進社區，策畫不同的走讀路線，甚至在地方上幫忙設立小書鋪，成為在地服務站。一家書店，不把自己限制於一個實體空間，而是緊貼著一座城市的脈搏，慢慢往外延伸，發展出文化的多元網絡。無論是在地人或遊客，都應該親自體驗三餘的城市走讀。

怪不得有人說，愛上一個城市，先從愛上一家書店開始。

維持一家獨立書店，
就是維持了
孩子的未來。

——《獨書獎》評審主席 **蔣勳**

北

東

中

南

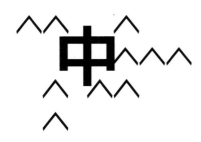

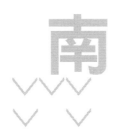

邊譜

 # 書 音樂 閱讀成為習慣

邊譜在現址已經四年多了，它帶著前身 — 東海書苑二十多年深厚的底子一路走過來。不同於其他隱身巷弄的書店，它就在大馬路上，離台中國家歌劇院不遠，信步可至。

說真的，你來之前不用預設什麼目的，來到這裡，超級豐富的藏書量一定不會讓你空手而回。你的困擾可能是選擇困難症，不要緊，就坐下來慢慢看，看到愛不釋手的才買。

邊譜
台中市台灣大道三段 408 號

書店或許
有邊有譜，

書本卻是無邊無際。

當大家都埋怨，新一代不愛看書，老闆廖先生卻說：「哪有年輕人不讀書？」於是他盡量多放一些書，在年輕人成長時多予以陪伴，讓大家多點機會接觸多元的公共性社會議題。書店更定期舉辦讀書會，鼓勵閱讀，支持創作。

差點忘了說，雖然一樓已經目不暇給，可別忘了上二樓，看那書海蔓延到樹梢上的景致。

書店原本是個老公寓。改建之後，一樓地板以及一到二樓的樓梯保留磨石子，二樓則是花磚地板搭配紅磚牆。比起隱身巷弄，書店選址在大馬路上，也算容易被看到，希望讓人們習慣日常生活裡有書店的感覺。當實體書店尋思要找新出路時，邊譜始終緊守崗位，永遠以書為主角為靈魂。書，海量的書，以及正在閱讀的人，才是這裡最美的風景。

給孤獨者書店

椅子 泛黃的書本 遠方的消息

停頓了 3 年之後，給孤獨者書店在台中火車站後方的「富興工廠 1962」重新與大家見面。與舊家具的結合，給了這家二手書店非常獨特的風貌。

能為書店取名「給孤獨者」，就知道書店主人有多麼浪漫，一本散落的詩集，跟了他十幾年。現在這些二手書與老家具在富興工廠的三樓有了非常美妙的結合，這個空間的每個角落都洋溢著逝去年代的美好回憶，加上昏暗燈光的搭配，絕對是 50/60 年代懷舊老歌的舞台。

給孤獨者書店
台中市東區復興路四段 37 巷 2 號三樓
富興工廠

FLOWER SEEDS.
PLANTS, BULBS.
HAND GARDEN
REQUISITES.
GARDEN, FIELD &
W.W. RAWSON & CO.'S
HAND BOOK
FOR THE
FARM & GARDEN.
34 SO. MARKET ST
給孤獨者書店
二手書籍收購方式
①文史哲、社科、美術
有趣的、古本……
②收購價為原書價5%－20%
絕版書不在此限
③將書封正面照片傳送
書店臉書/IG
④同意估價後寄送/親送
⑤運費由書店負擔
⑥確認書況後匯入$
也樂意接受贈書

書店主人說，安靜的時候還可以聽到遠處的火車，這種離別又相聚的聲音實在為這個空間增添了更為迷人的戲碼。不論你是不是個孤獨者，不論你是不是個二手書迷或者舊家具迷，這個不同思維下所經營出的美妙空間，絕對值得探訪。

LIFE

書與空間

二手書與老家具，非常完美的結合。書店位於富興工廠 1962，工廠本身建築就十分有特色，書店是大空間裡的小空間，四面無牆，以布簾或家具跟外部區隔出自己的小天地。不管是放在老書架裡，或者成為小茶几上的擺設，這些二手書都有了很好的暫居地。這裡是主人個人意志的呈現，懷舊，浪漫。就像從青少年時期就對他影響的那本詩集一樣，也許詩集有些散落，卻造就出如此獨特的靈魂。

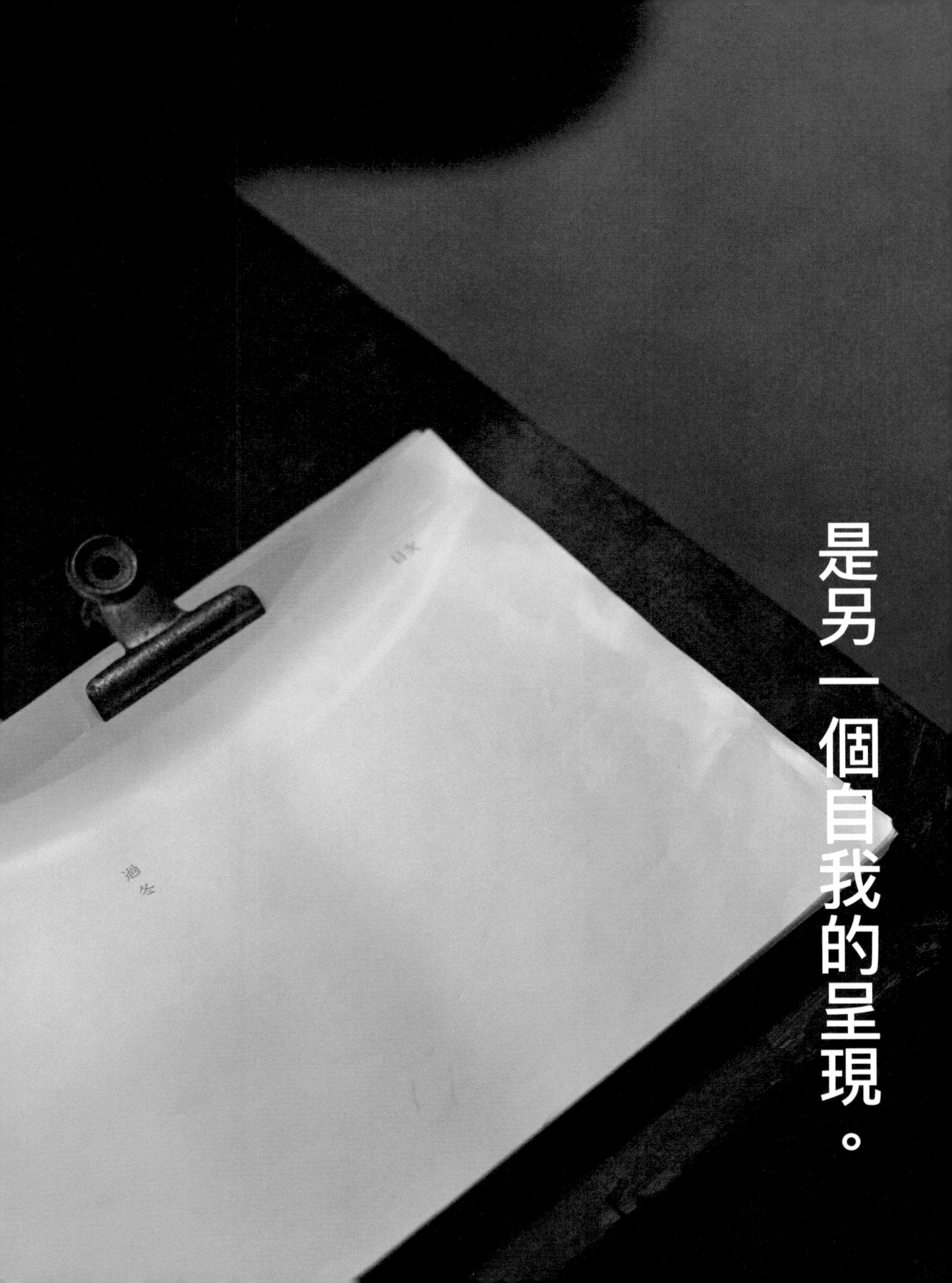

是另一個自我的呈現。

梓書房

舊書 漫畫 貓

想像此刻，你坐在後院書房裡，左手拿著主人的藏書，右手跟貓玩耍，心中肯定會出現「生活裡有這樣的一家書店真是好」這樣的感慨。梓書房的兩位主人全心全意實現了書店存在的種種美好，不僅悉心照顧每一本二手書，也為這些書、自己和貓建構了一個共同生活的優雅空間。

嚴格來說，這家書店分為三個區域，天井之前是屬於一般販售書籍，以二手書為主，新書為輔，還有以貓為主題的選書和各式小商品文具。天井之後的書房則需預約與低消，因為裡面全是主人喜愛的漫畫藏書，以及六隻貓家人，在這個空間你可以盡情飽覽，運氣好的話還有貓咪相伴。樓上則是活動時才會開放的空間，據說未來會變成一個貓咪圖書館，令人期待。

梓書房
台中市西區福人街 89 號

店主把這棟透天厝整理得非常好，除了保有舊的磨石地，樓梯扶手與牆面外，幾乎沒有新作的部分。因為喜歡「圖書館」的氛圍，所以書籍的陳列也是以工整便於尋找為主，不花俏。中間的天井不僅提供自然光給前後棟，更是一個非常舒適的喘息空間，綠化的非常優雅。後棟因為是貓咪的生活空間，且書籍只供閱覽，因此打造得更像私人書房，靜謐舒適。

在梓書房買二手書可以得到專屬的「包書」服務，如果你想重溫小時候的課本被父親小心包好的那種關愛，非梓書房莫屬。

被認真對待的二手書與好運貓。

掀冊店

創造連結 社會關懷 讓想像力發生

隱身在巷弄的掀冊店，安靜地跟社區合成一體，「歡迎大家進來翻書」的這個想法，讓書店成為了大家的書房。其實，在苑裡這樣的小鎮經營書店非常不容易，必須要真正扎根並且跟鄰里搏感情，才能成為社區的一部分。

主人重視地方小農，會協助販售所生產的農產品，在這裡，閱讀不一定只是透過眼睛去看書籍文字，更可以透過五感，像是聽海的聲音、吃海的味道，去體驗苑裡的風土。

掀冊店
苗栗縣苑裡鎮新興路 35 巷 22 弄 32 號

感謝狀
感謝狀
獎狀
感謝狀
感謝狀
苑裡掀海風
感謝狀
感謝狀
校長謝昱宸

春
夢裡我側躺在山的稜線上
不發一語
光影各自占據我的半身
直到雨點拍醒我
夢的縫隙如山對稱
火車駛過水平線
駛過換日線
穿越時區像是跨過沙嶺
與整座島的背脊
直到我抵達
離開這狹窄的國度
跟上候鳥的腳步
只要向前
夢就可以繼續

空間分成兩區，一區是餐廳，這裡以前是紡織工廠，挑高的工廠空間明亮寬敞，以前的土地公還被高高的安置著。另一區是書店，是以前紡織工廠的起家厝，雖然不大，但幾個角落都有舒服的椅子可以隨時坐下閱讀，尤其靠著窗邊的那張長沙發，舊式的綠色沙發，很符合對於「苑裡」這個地方的想像。這裡重視青少年教育，協助地方小農，推動以五感來認識苑裡，誰說書店不能是服務鄉里的新場域呢？

從書店到教育，

地方教育是書店最花心思在做的事情，以友善農產品，社區支持型農業的許多方案，書店帶動了這裡特有的地方教育與青少年關懷。現在，這個空間的存在，不僅創造了附近居民之間緊密的連結，還讓不同的年齡層都找到了自己所需要的那一部分。

「靠窗的那張綠色大沙發坐起來肯定很舒服吧。」
「哇，牆角的那個單人座沙發更適合閱讀啊。」
到苑裡的掀冊店，記得找個舒服的角落，翻翻書，點一份友善農產的甜點，好好感受海線小鎮的特殊風土人情。

從閱讀到地方。

台東
←

書店的美學不在於奢華，
而是在於氛圍的呈現，
能不能夠讓人放鬆，
可以在那邊
待一個下午慢慢看書。

——《獨書獎》評審 **陳永興**

書集喜室
彰化縣鹿港鎮杉行街 20 號

書集喜室

美而尋常 細水成道 根繫生活

從記憶的還原，

房子建於 1931 年，眼前的書店是老闆黃志宏盡力以恢復當年面貌的大前提，一梁一柱慢慢用心修復的成果。廢墟中，挖出了被埋於瓦礫底下小小的一個防空洞。天井處，發現了一口井，井水清甜。舉頭一扇天窗，不止於採光，更讓人在歷史的脈絡中看出一片新天（老闆可是每天爬上屋頂拭擦玻璃呢）。他是個研究歷史做學問的人，你來，他就會講故事，從房子的前世講起，從家族史講到鹿港的興衰。他會告訴你，保育老屋，有它的時代意義。

到小鎮歷史
的延續。

老洋房建於 1931 年，原本是個廢墟，黃老闆邀得老師傅，以手作慢工的方法盡量恢復當年原貌。從大門和木板窗開始保留，天窗、天井、樓井、水井……書本座落其中，很是幸福。老屋建築有它本身的智慧，炎炎夏日竟然可以不靠冷氣保持涼爽，非常難得。書店是生活的一部分，每天早上黃老闆在田裡耕作完後回來開店，不疾不徐，細水長流。

這裡賣二手書，也賣新書，有時新書賣不出去，放久了就當二手書賣，細水長流，不急於一時。曾經，書店試過推出不同的小吃，大受歡迎，客人排隊排到巷尾，生意好到不得了。闆娘卻問老闆：「你是要開書店還是開賣場？」一言驚醒。如今書店只限兩款餐飲供應：冷泡茶和雪耳甜湯，都是不、不、不可錯過的。

歷史是活的，書集喜室正在續寫鹿港小鎮的新一頁。

虎尾厝
沙龍

反台北中心主義 反陽具崇拜 反全球化

從平平無奇的街上看到虎尾厝的招牌，走進窄巷原來別有洞天，一座和洋式老宅屹立眼前。經過小庭院進了大宅，兩旁就是不同的房間。

老吊扇緩緩轉動，歐洲古典的優雅的氛圍下，可以想像偏廳裡，大家像回到文藝復興時期，圍在一起大談創作的熱情畫面。坐下來提起紙筆，說不定思如泉湧。就連洗手間的細節也老派得一絲不苟，不知道為什麼，用摺疊整齊的棉麻手帕抹手，總有一種私密的儀式感。

這裡的書有文學、有宗教、有在地文化，最亮眼的是性別議題的選書。書店對在地的重視，可見於不同的本地特產選物。點一杯甘蔗牛奶，讀一本書，過一下祕密時光。

虎尾厝沙龍
雲林縣虎尾鎮民權路 51 巷 3 號

用三個反對

建構一個
祕密基地的模樣。

HITCHED

虎尾厝沙龍是 1940 年代興建的「興亞式建築」，隱身在巷弄之中。日式庭園中，有松柏有竹林。一進館內，可見中廊，復古感洋溢。左右兩側每間房各有特色，老家具配華麗燈飾，歐洲古典的優雅，可以想像文藝復興時期大家圍坐偏廳一起大談創作的意境。就連洗手間都裝潢講究，摺疊整齊的棉麻手帕盡顯老派的禮儀感。在保有作為沙龍應有風骨的同時，虎尾厝也以溫暖的方式擁抱各方來客，讓世界看見它的家鄉。

有此藝說

實驗 教育 人類

一對在教育上充滿理想的年輕夫妻，建立起他們美好生活的模樣，一樓是書店，二樓是特殊教育的教室，三樓是自己的住家。

走進書店的第一眼，會覺得很平實，但細細地看，就會發現原來這書店手工味十足，因為幾乎所有的書架座椅甚至桌子，都是男主人親手打造的。而細緻的妝點部分，則是女主人的巧思。書店的選書以人類、社會、教育與藝術這四大類為主。一樓的書店聚集了那些會大量閱讀的朋友，大家經常一起討論在教育現場碰到的問題，甚至有些社會議題，當然，對於男主人所設計的特殊教育的教材與教具也經常提供寶貴意見。這不是很棒的事情嗎，一樓的書店不僅提供了知識與閱讀的空間，更為二樓的教室提供了創意與實踐的藍圖。

有此藝說（暫時歇業）
彰化縣花壇鄉花秀路 12 號

綠主張
綠主張
見城誌
舊搞怪
歌劇院 3時刻
歌劇院 3時刻
玉山山腳下的小農紀實
拾佰仟萬
運轉日常
彼得報
#FreedomHK
重建報
有此藝說

不止於知識的載體，

更在意知識的流動方式。

也許花壇並不是大家旅行的首選，但如果你想深入了解斜槓書店的經營方式與書店主人對於特教的理念與實踐，這裡絕對是你應該專程來訪的空間。能為閱讀障礙與腦麻孩童多做設想，並結合書店與教室，全台只此一家，別無分號。

有人說，這空間令人動容的是二樓的教室，但身為觸媒的一樓書店其實同樣重要。書店之美在這裡，是啟發人心與成就夢想。

二樓的特教教室讓我們看到主人對於教育的熱愛與對弱勢孩童的關愛。能為閱讀障礙與腦麻孩童多做設想，並結合書店與教室，全台只此一家，別無分號。在教育上充滿理想的年輕夫妻，建立起美好生活的模樣：一樓書店、二樓教室、三樓居住空間，少了任何一個，這個理想就不成立。

秋刀魚
秋刀魚

仰望
書房

觀星 科學 實體互動

如果你是個觀星迷，熱愛宇宙天文，那麼你絕對不能錯過這家書店。如果你剛好偏愛的是地球上的事物，你也不能錯過這家書店，因為這裡的選書絕對會給你有別以往的莫大驚喜。為什麼這裡有好多哲學的書呢，因為科學的根本是哲學而不是數學喔（看來好多人都是因為來到這家書店才搞清楚這件事的）。

仰望書房
台中市北區英士路 140 號

金牛
昴
畢
觜
白羊
波江
天兔

店門口的那幾座天文望遠鏡其實就已經訴說了這家書店的專門之處，浩瀚星河多麼迷人，老闆選擇用科學的角度帶著大家認識星星。「我們不是採取像是占卜占星學的角度來看星星，而是使用一個理性邏輯的方式來去理解這個宇宙、這個星空它的運行的規則，背後所存在的一些意義。」科普書籍常常會讀起來像是艱深的課本，或者是困難的題目，但

浪漫又踏實的
跟宇宙產生互動。

仰望是台灣唯一一家天文主題的書店。進入仰望，就像進入兩層樓的星空。一樓除了書以外最醒目的當然是望遠鏡，然後就是需要你稍微抬頭注視的各種與星空星圖星球相關的物件，目不暇給。即使你原本不是天文迷，都會因為主人在這些物件上的巧思而進入幻想的世界。那架白色望遠鏡可是國際天文學聯合會慶祝成會百年、人類登月50年，全球限量20臺的紀念望遠鏡呢。

實際上呢，看星星是多麼有趣的一件事，此時若是有人在旁協助，你就不會覺得每顆星星都長得一樣了，這是實體互動的重要，是你在仰望書房的觀星活動裡所能學習到的。

如果你想了解西方與東方對星空不同的詮釋，又對現在流行的「平行宇宙」感到好奇，那就不妨走一趟仰望，有專家陪你抬頭觀星要比獨自低頭滑手機有意思多了。

日榮
本屋

自然 自在 自由

這家原本位在中正路日榮藥局舊址的書店，現在搬到了中山路，前後加起來的營業時間即將滿四年，以年資來說似乎還是個有點新的書店，但主人對於書店的經營與推廣閱讀的想法卻非常成熟多元。書店雖然不大，主人又很年輕，但是充足的能量已經準備好為整個苗栗市的文化充電。因為喜歡登山的關係，相關的選書非常豐富，擺滿了一整個書架，要把自己對山林的熱愛分享給大家。

店長說，這家書店的正確使用方法是，不用帶任何目的的走進來，自由自在的閒逛，說不定就會遇上觸動你的一本書或一段文字。

日榮本屋
苗栗市中山路 129 號

巴斯克
乳酪蛋糕

把山林帶進書店的日常。

影之島
巴士夢
山育兒 新書分享會
山林中我與孩子最親密的時刻
2022
6.11(六)
14:00-16:00
《影子》
女孩與光影的奇幻嬉戲
SHADOW
虎年
2022
尋找秘境
你很重要
野貓軍團找一找遊戲書

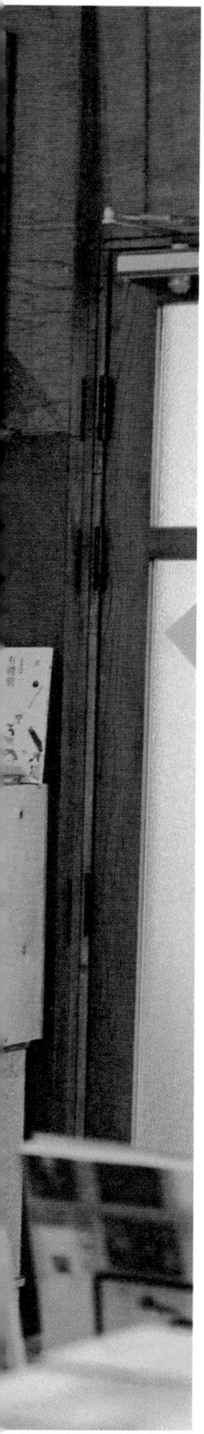

這也是一家一人分飾多角的書店，老闆店長員工咖啡師甚至做甜點都是同一個人（噢，甜點的部分是父女齊心齊力完成的）。書店空間展現了老闆溫柔細緻的那一面，但又不會過於柔軟。不管是自己站著翻閱一本書，或者跟朋友一起分享肉桂卷，都會有一種恰到好處的感覺。

週末這裡經常舉辦各類型的活動，住在外地的朋友可以搭火車悠閒地來。請多留一點時間在書店，讓店長好好推薦幾本新書，你會知道甚麼是自由自在的「恰到好處」。

日榮本屋
The Way We Wish

從店門口經過就是不會讓人錯過的一家店。落地的木製門框與窗框加上灰藍色底白色線條的書店Logo，雅致又大方。這個灰藍一路延伸進書店內，成為工作吧台後的底色，視覺上一致的清爽優雅。店雖然很小，一眼就能看盡，但是主人仍善用空間陳列書籍，簡單的桌椅卻很舒適，除了善用書籍活動的海報外，也會在不起眼處放上幾個樂高玩偶，看出主人的童趣之心。

孩子們在書店
自由快樂地獲得知識，
真的是一幅很美好、
很自然的畫面。

——《獨書獎》評審 **林志玲**

北

東

中

南

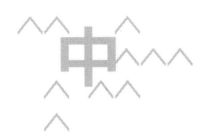

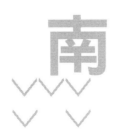

燦爛
時光
東南亞主題書店

東南亞 非主流 信任

中和區有一條緬甸街，南洋風情下除了飽嘗滇緬美食，更可享受燦爛時光。燦爛時光是一家特別的書店，鼓勵人們在東南亞旅行時帶一本或許你看不懂的異國文字的書回來，供移工們借閱以解鄉愁。

疫情下大家沒法出國旅行，新書的進貨可能有減緩慢，但不減這裡的吸引力。就是以東南亞為主題的中文書也有不少，並以原價作為押金借閱。你手上那本書的內頁保留了前人借書的紀錄，他／她的名字，以及借書／還書日期，是不是有點像《情書》裡藤井樹式的浪漫？

燦爛時光　東南亞主題書店
新北市中和區興南路一段 135 巷 1 號

書店是樸實無華的。看似有點雜亂，其實亂中有序，而且當中有著不少東南亞的地方色彩擺設，在夜晚巷子裡，書店透著微光，有點錯覺身處或許是泰國某條小巷子的一家小書店。對東南亞移工來說，那是家的溫暖。二樓是講座的空間，講者和聽講的人，都是席地而坐。這裡提供了親切、無拘無束，讓人放鬆的時空。除了客群的獨特性，燦爛時光更像是圖書館，只借不賣。

JASSIN
Pengantar:
Ananta Toer

來自家鄉的文字，

無國界的溫暖胸襟。

從書本裡、從文字裡找到慰藉，從來無分彼此，
無分國界。

嶼伴
書間

陪伴 探尋 孩子專屬空間

壯圍的這一條街，像是從稻田中穿過，與自然無比親近，或許就是這樣的環境，讓從台北來的這一家三口，決定在這裡開一家可以彼此陪伴的書店。書店位在2樓，你必須穿過一家燒烤店才能走上書店的樓梯，這個穿越，也為走上書店增添了很多趣味。

書店不大，但這個天地大部分都是由一家三口打造出來的，上從每一盞電燈下到每一片磁磚，都少不了就讀小學低年級的女兒的意見在其中。這對父母徹底的實踐了相互陪伴的真正意義。書店的書籍以繪本占多數，店內還有一塊階梯高的木地板區域可以讓孩子們以各種自在

嶼伴書間
宜蘭縣壯圍鄉大福路二段 335 號 2 樓

舒服的方式隨意閱讀。面對工作吧檯的那面牆是繪本原稿的展出的空間，可以讓孩子們從創作的源頭就開始認識繪本的動人之處。

這個空間舒適自在的像朋友家，是的，這個空間對老闆一家三口來說也確實就是家的延伸，在這裡大家閱讀，互相陪伴。這個小小的書房要給附近的孩童與青少年一點小小的力量，與溫暖的陪伴。

小地方
新生活，

這是一家二樓書店，一走進就有好像進到朋友家的那種親切感。這裡大部分都是由這一家三口打造出來的，上從每一盞燈下到每一片磁磚，都少不了就讀小學的女兒的意見。最特別的是那個階梯高的木地板區域，孩子們要躺要坐都可以，是一個自在的空間。在這裡，孩子是王，從書本型態，到空間，都讓孩子們感受到安心安全與閱讀的美好。

美好家庭的延伸。

楫文社

共伴 木造 議題

推門進去這家書店，第一眼見到的居然不是書架，而是一張巨大的原木桌子。這桌子可能圍坐著幾個熟朋友，也許他們低著頭寫東西，或是輕聲傾談著創作的事。

你可能聽說過這家書店舉辦的「共伴效應」長期文學課程與諮詢，與文友們互相砥礪寫作，不就像一個文社的存在嗎？

這裡有一牆的書是老闆的收藏，僅供翻閱，不賣。而販售的書不多，不少都是新作者或獨立出版的文學作品，清新脫俗。

老派文社精神，新派演繹。推薦給每個喜歡文學創作的你。

楫文社
新北市永和區林森路 112 巷 9 弄 1 號 1 樓

楫文社
營業時間
10:00-18:00
拉
PULL
禁止吸菸
禁帶寵物
禁帶外食

老派實體文社，全心的

書店空間不大，選書著重新銳作家的作品，裝潢也很簡單，以木作為主，感覺溫馨。一進門就是幾張木桌子圍成一張文學的大桌子，這裡連結了一群喜歡寫作想尋找出版的年輕人。藉著共伴計劃，大家在創作路上，有導師指引，也有同儕砥礪。傳承了文社之風，也開創了新派的思維。在疫情期間，以gather town線上結集的形式串聯其他獨立書店開展虛擬之旅。共伴計劃搬到線上，探索、學習之路永無止境。

全力的
文學創作
推廣。

晴耕雨讀
小書院

自然 書本 生活

走進溫暖的書店，望著窗外田園美景，內心不免上演一場掙扎：到底應該留在這麼美的空間讀一本書？還是走到那麼美的阡陌上散個步？

就順心而行吧。晴耕雨讀，放諸日常，其實提醒了我們要順應自然，順其自然。這裡開闊的視野打開了人的胸襟，令人醒覺到在忙碌的生活中，暫緩腳步，走進書本的懷抱裡，本身已是一種幸福。

晴耕雨讀小書院
桃園市龍潭區福龍路二段 169 巷 181 弄 30 衖 90 號

晴耕雨讀
室雅蘭香書連屋
庭前草綠樹拂雲
用心感受
請勿拍照取景
晴耕雨讀

順應自然的生活節奏。

店內供應的輕食，美美的擺盤不忘附上一朵小野花，見微知著，生活美學原來俯拾即是。

晴天好，霧雨也好，皆是逛書店的好時節。

在稻田阡陌之間，一座紅磚老屋安靜地守在那裡。前院是用心打理過的草地，進去大廳，一旁是雜誌架，中間的新書醒目，再來就是收銀櫃檯和後台的廚房。再往內，又是另一個廳，擺賣著文創品和在地特產，有繪本和推薦書籍。再走幾步，別有洞天，整排大玻璃窗透進陽光與豁達開朗的稻田景致。你本想找個靠窗的位置，拿起書本喝杯咖啡或點個簡餐，但抬頭見到看板說：「外面風景很美，不如在外面走走。」內心好是掙扎啊。

逃逸線書室

 # 獨立 喘息 思辨

暗暗墨綠色的空間，令人從僕僕風塵中沉靜下來，把心安於當下。逃逸線的所謂逃，並非離開，而是逃開一些刻板印象，窺探裡裡外外的可能性。

疫情期間老顧客生怕書店撐不下去，紛紛提出金錢上的資助，這些好意都被倔強的茜茜拒絕了。後來大家找到一個兩全其美的方法：客人每個月定額給書店一筆費用，茜茜就會根據他們的「口味」量身定做書單，為他們準備在地手作人出品的甜點、自家設計的咖啡掛耳包、茶包、以至節日禮盒。

逃逸線書室
新北市三重區朝陽街 31 號

是獨立，逃逸是留下來

錯過了午餐時分餓著肚仔衝進來吃一碗花椒皮蛋麵，黃昏後點一杯威士忌，聊一本書聊今年電影節，一點一滴，感情和互信是這樣建立起來的。

下次你到三重，除了親近大都會公園的草地之外，務必也要去逃逸一下下。

是對一個地方的重新想像。

三重機捷旁，重劃區的新蓋摩天大樓重重包圍僅存的老公寓群。逃逸線就隱身其中。有別於一般書店明亮溫暖的感覺取向，書室以深色色調為基調，深褐色的地板，墨綠色的牆，配上金色的Lines of Flight Books，幾盞小而雅致的吊燈作點睛。這樣的氣氛沉靜安逸，是那種可以躲起來不受打擾地讀書的感覺，也是書店主人對書店的想像。

浮光書店

叛逆 真實 不服從

中山站前熙來攘往，拐進赤峰街，爬上陡斜的樓梯，進到書店，陽光灑落一地。客人或站在書櫃前挑書，或喝著咖啡聊天，或躲到閣樓裡開網上會議，時光悠悠，好一個理想的下午。

老闆和店長很有個性。她們未必笑臉相迎，但如果你查詢有關書的問題，她們一定盡力協助。「這本書絕版了，你要不要到附近二手書店碰碰運氣？不過這位作者的新書還是有的。」說著把書遞到你面前。對答簡單、直接、專業，沒有半句多餘話。

有人說，浮光有著台北人的氣質：我行我素。酷。我們喜歡獨立書店，不就是喜歡它的獨立性嗎？

浮光書店
台北市大同區赤峰街 47 巷 16 號 2 樓

浮光
books\
cafe|書

為 任性的靈魂

開一家書店。

店藏在繁華的赤峰街巷弄，鏽色的方形黑鐵上亮著「浮光」兩字，與旁邊一家家販賣五金、二手汽車零件的老店鋪地景結合，宛如與打鐵街文化的串聯。老宅已有70幾年歷史，懷舊鐵門、古老花窗都是本身的樣貌。爬上陡斜樓梯，見到一個精心整理過的空間，豐富的書量，鐵件穩固結構，重新粉刷後的白色磚牆，一派工業風質感，讓閱讀變得更為紮實厚重。

唐山書店

專業 友善弱勢 左翼

走入地下書店的這幾階樓梯，不知承載了多少求知若渴的步履，樓梯間曾出現過的千萬張海報更是見證了一代又一代的宣言與夢想。這個世界甚麼都可以變，但這家書店千萬不要改變，並不是說不應該隨著世界的腳步往虛擬中去，而是那種紮紮實實的傳統書店氣味與知識分子所愛的那種凌亂中帶秩序，低調中有高傲的氣味千萬不可流失。這裡是個時空膠囊，當我們想要回頭窺探 80 年代渴求知識的樣貌時，只能鑽進這個地下室。

在過去那個思想戒嚴資訊不流通的年代，唐山以其特有的方式，讓台灣的知識分子與國際視野接軌。現在，唐山仍舊守

唐山書店
台北市大安區羅斯福路三段 333 巷 9 號 B1

住文史哲書籍的專業，一點也沒有妥協。如果你對左翼思潮有興趣，唐山也一定能夠滿足你。

如果你是只去過窗明几淨的連鎖書店的人，請你一定要來唐山看看，買一本書支持一下，畢竟能把知識堆積如山如海如寶庫的地下書店已經快要絕種了。四十年來，唐山堅持書籍的專業以及友善弱勢，一點都沒有改變，正如同它當時加入溫羅汀聯盟而寫的：「我們沒有華麗的裝潢，但我們在微暗的地下室為你張羅了學習之海，唯有你妳不斷地走下階梯，這片學術之海才可以延續。」

找一天，走下階梯，走入唐山。

安全門
EXIT

在地下深耕40年，

知識的明燈。點燃

書店位於地下室，樓梯間兩邊貼滿了層層疊疊的小眾電影、講座、演唱會及劇場表演的活動海報；走下長長的階梯，迎面而來就是潮濕霉味和略顯陰暗的空間，以現代化的標準來說，這裡實在無法稱作理想的藏書與閱讀環境。但是，就是這種老書店的氣味，吸引了一代又一代的年輕人不斷走下來。這個書店的美，完全形而上，在於維持一個老書店的歷史氣味，在於人與人因知識而相遇的美好。

飛地
nowhere

飛地 香港 未來

飛地，隱身西門町的窄巷裡，像一座發光的飛船。中島桌上販賣各式文化符號的小物或推薦新書，上空繞著一盞曲折如星星軌跡的燈。桌子飄移到另一角時，飛地化身直播室，又或台、港重量級講者對談的基地，好不熱鬧。

這裡賣的書，不一定在網絡上買得到（當然，這裡賣的澎湖海鮮醬外面也不一定買到）。但最難得的，還是人與人之間的交流。台灣客人帶了個鳳梨給香港客人嘗嘗，香港客人又帶了點什麼送給其他客人，這個空間，是個交換心意、交換想法的據點。

飛地 nowhere
台北市萬華區中華路一段 170–2 號

技術陷阱
理性

交流 對話，

買一瓶冰啤酒坐在飛船外，談音樂、談哲學、談未來，又或純耍廢，都一樣 chill。Nowhere 還是 Now here，本來就是一念之差。

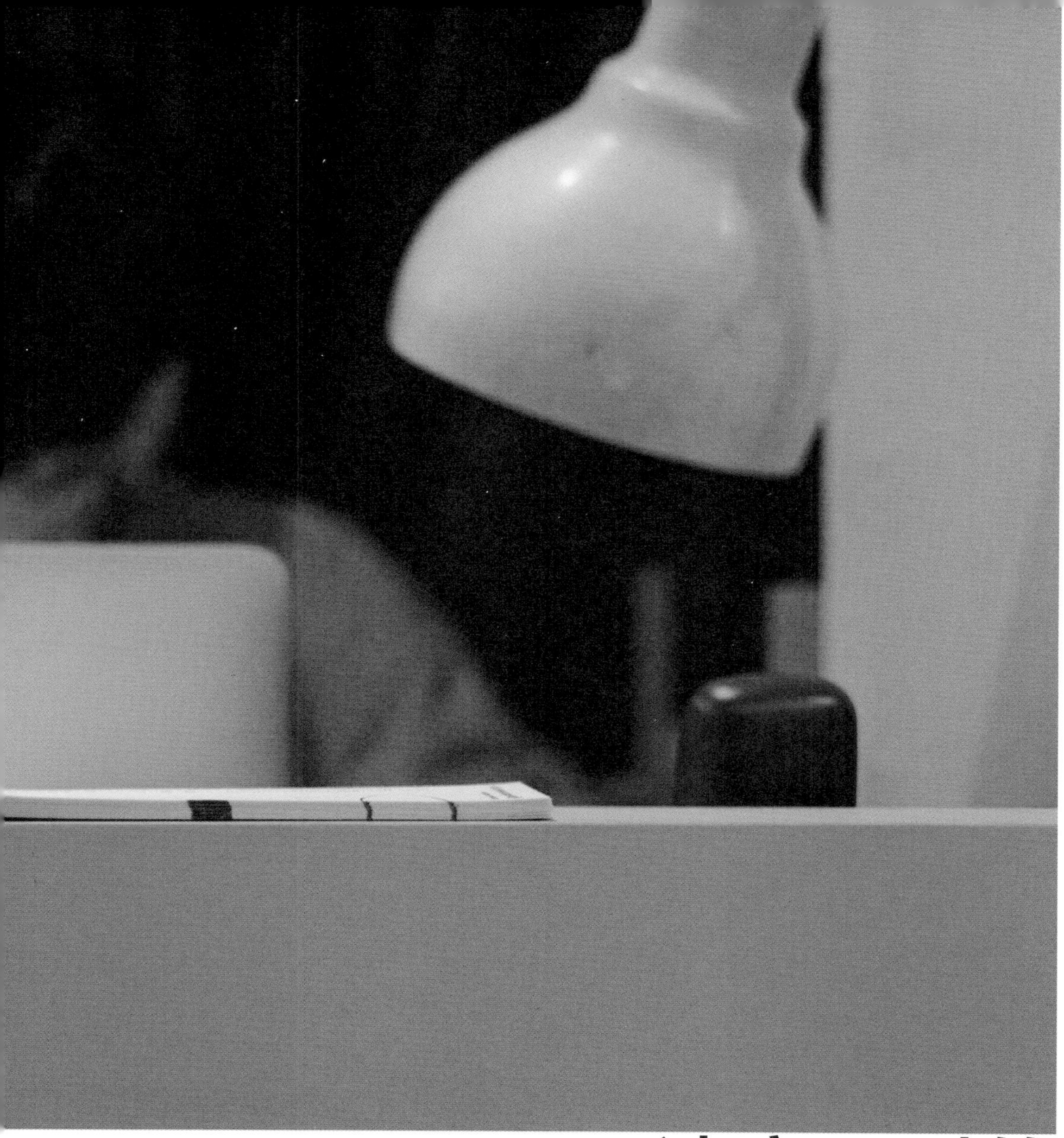

凌空一时的
新視角。

飛地，enclave，地理上屬於一個地方，主權屬於另外一個地方，在許多人的心裡，它又是另一個地方。它是理想國，它是烏托邦。這樣的精神不免令人想起香港與香港人的情況，沒錯，書店主人是個香港人。這裡的美學是，把書店當成展覽辦，新潮，主題性強。主人說假如進了二千本書，她只會展示五百本，陳列的東西不擁擠，留給客人思考的空間。

玫瑰色
二手書店

延續書的生命 在地連結 互動共創

新竹舊城中的一條單行道上，有一間老房子，承載著玫瑰色二手書店的新魂。在這裡，老建築與舊書都有了重生的機會。店主 Los 和阿金把一磚一瓦整理得恰到好處，每一本二手書都清潔乾淨，等待客人來玩緣分遊戲。

老馬識途的會員們，跟玫瑰色就像老朋友一樣，有空來坐聊個天。店主們記住了你的喜好，收到對的書，可能會私訊你一下。或許你是剛剛去完老派雜貨店「新村小商號」恰巧路過的新客人來，穿過前庭的書架陣，走進陽光灑落的中庭天井，寧謐、雅淡，窗明几淨，回過神來，說不定已經待了一個下午。對了，老派到底，她們有自家的藏書票，實實在在的伴手禮喔。

玫瑰色二手書店
新竹市北區集賢街 19 號

古典

Guji-Guji

老屋舊書，

一大片老窗花是它亮眼的特色。室內空間乾淨、明亮，一座座書櫃頂天立地，二手書的分類清晰有致。天井又是個不一樣的風景，容納了陽光、風、綠意、鳥聲，伴著書香。原本空間的廚房位置，如今放了英文書、繪本和CD，令人聯想到精神食糧的意象。在這裡，書本經過清潔，沒有一般二手書店的霉塵味，是一家令人舒服不會過敏的書店。

前世
交會今生。

或者
書店

城市綠洲 平等 陪伴

縮小來看，書店位在竹北新瓦屋客家文化園區；放大來看，書店位於全台灣最重要的科技重鎮。書店的建築現代俐落，四面都有明亮通透的大玻璃，自然光充滿書店，書店內空間優雅舒適，讓人願意多所停留。

找一本書，窩進那個特別為你一個人設計的閱讀空間，戴上耳機，音樂傳來的同時心中也跟著哼唱著，這個書店也太貼心了吧。不論是落地窗邊寬闊的木地板閱讀區或是特別設計的私密閱讀空間，甚至於選書種類的豐富，以及店內的溫度與氣味，所有的一切都是要讓客人感受到：我是真的受到歡迎的。

或者書店
新竹縣竹北市文興路一段 123 號

書店在新瓦屋客家文化園區內，被綠樹環繞，像是座落在公園般的清新。這裡有很多貼心的閱讀空間，一個人的，兩個人的，一群人的，在這個書店裡很容易就可以找到自己喜歡閱讀的角落。特別是靠窗的那片木地板閱讀區，天氣好時，就像徜徉在陽光與綠意中。書店的陳設與實際感受到的「氣味」與溫度，都讓人覺得十分舒適。是一個讓人想不斷造訪的的優雅書店。

文化綠洲。
科技城裡的

書店的二樓是個蔬食餐廳與咖啡吧，書店清楚來的客人很多是推著娃娃車的年輕家庭，或是坐輪椅的長輩，因此除了有店內的電梯之外，甚至走道的寬度，餐桌的距離都特別加寬。

書本承載了各種生活智慧，或者書店卻是實踐了五感的生活品味。不僅有亮麗的外貌，更有紮實的內涵。

7.20
移動的六燃
歡迎試聽
心打開
才能開心

有河
書店

閱讀 生活 反思

書店從淡水到北投，從河與海的交界到高架與繁華的連結；書店從兩個人的世界變成一個人的全部生活，不變的是對於書與閱讀的熱衷。

經營超過十年的有河書店，初心從未改變，當然所展現的樣貌也無需改變。提供最充足的新書供讀者選擇，臉書上幾乎每日的閱讀推薦。除了閱讀以外，還有哪些是實體書店必須存在的理由呢？在有河，你更能體會，為什麼書店不只是書的店，更是人的店。有河的詹老闆在為愛書人打造城堡的同時，也把書店打造成自己的城堡，不管站在書店的哪個位置，一伸手絕對觸摸得到書；目光所及也很難找得到沒有書的空間。

有河書店
台北市北投區東華街二段 380 號 1 樓

有河書店
YouHeBook
OPEN：pm1:00~10:00
(週一公休)

延續「有河」之名，店前卻不再有河，取而代之的是捷運基座與長條草地，綠意穿過繁忙馬路映入店裡，從書店向外望去，開朗明亮。書店的空間不大，兩側書架幾乎延伸到天花板，書店視覺完全以豐富的書籍為主。與女性店長的情調完全不同，這就是一家愛書人開的店，以書為主不會混淆。

逛書店，真的不需要甚麼理由。下回經過有河書店，請不要只是從外張望，也不要以為這是一家圖書館，大膽走進去，如果書太多讓你眼花撩亂不知從何選起，那就請詹老闆推薦一本書，如果你剛好也喜歡電影，那更好，因為詹老闆可是資深影評人呢。

生命的全部，書店作為

以不變
應萬變。

石店子69
有機書店

人與人的連結 地方創生 社區圖書館

注意喔，這裡不賣書，只做交換，如果沒有帶書來換，可以丟下 20 元。老闆認為每本書都是一顆種子，應該多處發芽生根，生生不息的流通，而不是只在某個人的書架上渡過一生。

石店子是那個「地方」的名字。書店門前的那條街，是關西的老街，因為年輕人返鄉，支持地方創生，所以新的面貌開始穿插在這條大約 500 公尺的老街當中。這家書店是這條老街活化的第一家店，因此有特殊意義。

石店子 69 有機書店
新竹縣關西鎮中正路 69 號

新竹縣
關西鎮
中正路
石店子69
有機書店

人與人的相遇，

萌芽中。

書店很有關西老街的老建築老氣氛，但也有二手書店經常會有的那種不修邊幅也不太細緻的特色。有個小閣樓，是一個民宿（來住的人要有點勇氣）。陳列書籍的方式活潑有趣，從門外就表露無遺，像在老電視機上放舊書。這家店新書很少，可以買賣的那幾本，其實都是老闆自己書寫出版的書店理念或者地方誌。老闆對這個地方用心良苦。

「有機」這個概念用來做書店真的很少見，老闆愛書也愛家鄉。書店裡也有些除了書以外的在地農產可買，像是白米和水果乾。還有好吃的冰棒。

閱讀是改變生命的

保存關西老街的百年老厝，不做大翻新只有修補，讓風與光線都與百年前一樣。加上二手書，舊物，所有的店裡的一切都像是60／70年代的老氣味。雖然略顯凌亂，但知道這就是老闆要的「生活感」。閣樓上有個民宿，只有蚊帳和棉被的窄小空間，居住的原始感。如果石店子老街開的第一家店不是書店而是咖啡店或餐廳，會有甚麼不同嗎？去一趟，然後想想。

水木書苑

閱讀 熱情 透過書籍來對話

水木書苑在湖邊，新竹的清華大學裡的湖邊。校園書店當然有教科書，其他文、史、哲甚至繪本也不少。書店面積比一般獨立書店寬裕，如果你的時間一樣充裕，可以坐下來喝杯咖啡。

老闆蘇先生是友善書業供給合作社的創辦人之一，他在業內已經三十多年，見證了獨立書店的起起落落。如何在網路時代的困境下，走出一條新路？熱情只是一張入場券，如何令書店像便利店一樣，在生活裡占有不可或缺的位置才是重點。

你多久沒散步了？來校園散散步，在知識的森林裡，開拓一下視野，開闊一下心胸。

水木書苑
新竹市東區光復路二段 101 號風雲樓 1 樓

PHYSICAL CHEMISTRY
ORGANIC CHEMISTRY
Organic Chemistry
Chemistry
Quanta, Matter, and Change
Animal Physiology
VIROLOGY
BIOMEDICAL ENGINEERING
PRINCIPLES OF ORGANIC SYNTHESIS
BIOCATALYSIS
Nuclear Chemistry
PHOTOIONIZATION AND PHOTODETACHMENT
MICROTOME
INTRODUCTION TO POLYMERS
SURFACE SCIENCE
PRINCIPLES OF POLYMER PROCESSING
PRINCIPLES OF POLYMER SYSTEMS
Microbial Biotechnology
BRAIN FEVER
COVID-19
Medical Imaging
物理化學
普通化學
單元操作與輸送現象完全解析
高分子化學
化學
固液過濾技術
實用乾燥技術
食品科技辭典
Bioprocess Engineering
GENETICS
Molecular Biology

和熱情，以閱讀的初心

清華大學的成功湖，為書店的外景加分不少。書店內空間規劃平實單純，加上已經經營了幾十年，儘管略顯學院派，但不浮誇的經典總是可以跨越時空。書本很多，卻分類清楚，是老書店才有的功力。置身其中很容易有知識學問爆棚感。燈光的設置很剛好，剛剛好讓你即使在晚上拿起書本閱讀也不會刺眼或感覺吃力。這個空間的存在，平衡也柔軟了理工為主的學府。書店重視播放的音樂，經常有好的音樂與書相伴。

撐起一家
校園書店。

moku
旅人
書店

旅人 書店 書與店

我們是否真的有可能，因為一家書店而認識一座城市呢？原本位於宜蘭市碧霞街的 Stay 旅人書店現在進駐了前羅東成功國小校長的日式宿舍，空間雖然改變了，但是那分希望透過書店來分享宜蘭風土文化的初心，卻一點也沒變。從來沒有把書店當成是出版產業的最下游，反而為書店的活力找到更好的定位，成為文化與親近生活的橋梁。也許來宜蘭旅行的人可以在其他的地方看到宜蘭的美景，吃到宜蘭獨特風味的小吃，但是這裡卻可以讓旅人知道更多關於宜蘭的文化與故事，那是了解一個城市更深層的方式。

moku 旅人書店
宜蘭縣羅東鎮文化街 55 號

透過
文化的載體，

推動地方前進。

旅人書店的年資已經超過 8 年了，店主人很高興這個書店差不多在第五年的時候由夫妻小店轉型成為參與地方事務更多的文化團隊。從地圖的繪製，到與當地小農合作創造在地風土的啤酒、茶、果乾等等文創商品，甚至開始修復附近的老房子老空間，做 podcast 與課程，書店推動了街區的改變，真正成為當地文化與生活間的那個橋梁。

我知道，我會因為一家書店，而愛上那個城市。

對遊客來說，確實可以透過這個空間來認識宜蘭的文化與故事，因為店裡有非常多相關的書籍與史料，以及手機裡滑不到的知識與體會。moku 旅人不只是一家書店，更是關注地方的文化團隊。主動扮演推動地方文化的角色，成為文化跟生活親近的一個橋梁。未來書店的樣貌，或許就已經出現在這裡了。

獨書獎
DUSHU
AWARDS
2022
評審團獎

DUSHU
AWARDS
2022
特色書店
獨書獎
DUSHU
AWARDS
2022
特殊貢獻獎

獨
書
獎

獨書獎 DUSHU AWARDS 2022

PARTY
獨
書
獎
DUSHU
AWARDS
2022.11.11

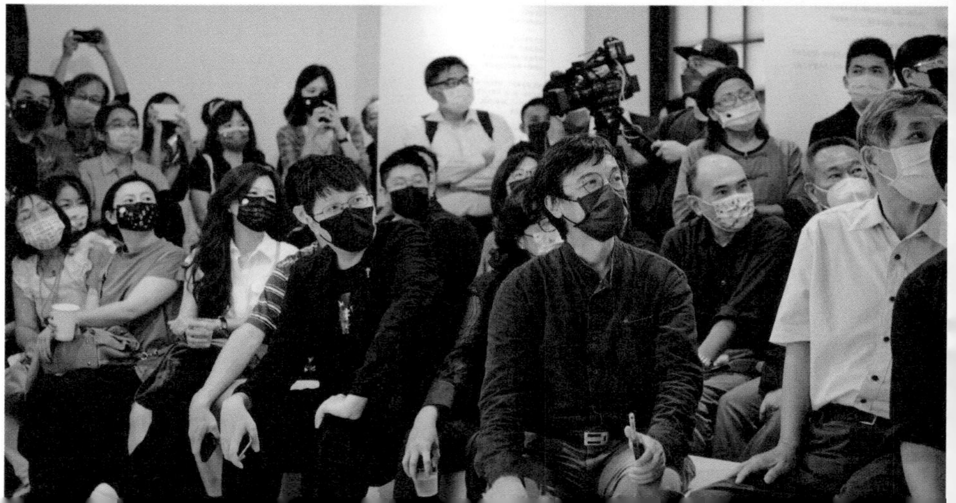

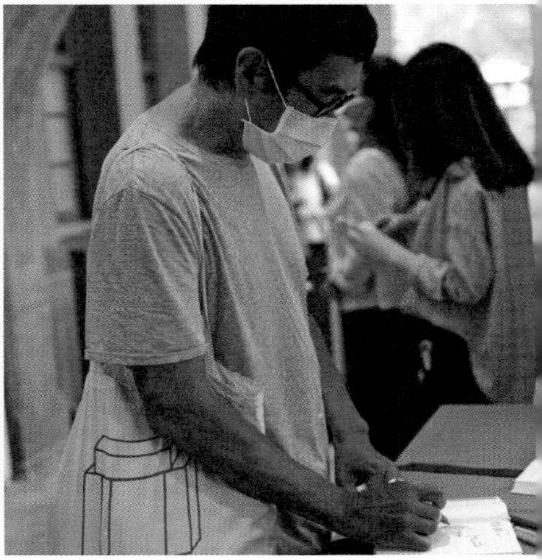

樹梅文化藝術基金會是由董事長劉鎧以父親之名「樹」與母親之名「梅」所成立的基金會，表孝心也彰顯傳承。樹梅基金會更是全台灣唯一一個由民航機長所成立的文化藝術基金會。

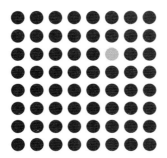

基金會以美學為核心，重視與倡議美學，特別是生活美學。樹梅《獨書獎》，集小資源做重要的事，不僅是台灣第一個獨立書店獎，更是希望透過尋找獨立書店之美的過程，與社會大眾一起認識並看見台灣這塊土地所孕育出的美好。

感謝評審們，你們以各自的專業為我們評選出了這些特色書店，建立了《獨書獎》的價值與美學。

第一屆樹梅《獨書獎》評審團：主席 蔣勳／呂靜雯／林志玲／陳永興／黃偉倫／趙政岷／詹朴

集小資源
做重要的事

感謝許多的贊助個人與協助單位，因為你們無條件的信任與付出，才讓《獨書獎》有了美妙的萌芽。也讓我們一起期待 2025 年第二屆的樹梅《獨書獎》。

第一屆樹梅《獨書獎》天使團：邱春瑩／何弘／吳聲明／胡正陽／胡銘德／歐陽玉娥／陳宏仁／連祥一／許可昇／楊越捷／葉燈憲／蔡致中／鄭清元／劉艷美／劉鴻徵／劉鈞／燃點公民平台／財團法人陳茂榜工商發展基金會／台灣友善書業合作社／台灣獨立書店文化協會／文化部

第一屆樹梅《獨書獎》工作團隊：劉鋆／歐陽玉娥／羅瓊芳／胡發祥／廖又蓉／王思晴／余郅／詹立鵬

特別致謝：Rita Ip/ 雷光夏／一木

第一屆樹梅《獨書獎》顧問：梁永煌／張舒眉／吳家恆／孫基康

更多獨立書店值得探訪，請上《獨書獎》網站：

www.dushuawards.com 搜尋書店地圖

一閃一閃亮晶晶：
第一屆台灣獨立書店獎

作者．財團法人樹梅文化藝術基金會 ｜ 發行人．劉鋆 ｜ 美術編輯．Rene Lo ｜ 編輯企劃．依揚想亮人文事業有限公司 ｜ 法律顧問．達文西個資暨高科技法律事務所 ｜ 出版者．依揚想亮人文事業有限公司 ｜ 經銷商．聯合發行股份有限公司 新北市新店區寶橋路 235 巷 6 弄 6 號 2 樓 電話 02-29178022 ｜ 印刷．禹利電子分色有限公司 ｜初版一刷．2023 年 3 月 / 平裝｜ 定價．480 元 ｜ ISBN．978-626-96174-3-2 ｜

國家圖書館出版品預行編目 (CIP) 資料

一閃一閃亮晶晶：第一屆台灣獨立書店獎 / 財團法人樹梅文化藝術基金會 文 . 圖 . -- 初版 .
-- 新北市：依揚想亮人文事業有限公司，2023.3　面；　公分
中文
ISBN 978-626-96174-3-2 (平裝)
1.CST：書業 2.CST：臺灣

487.633　112003153